国家电网公司
电力科技著作出版项目

CSEE-SP28-2021-B6

图说

人居电磁环境

中国电机工程学会　组编　　吴桂芳　主编

中国电力出版社
CHINA ELECTRIC POWER PRESS

图书在版编目（CIP）数据

图说人居电磁环境 / 吴桂芳主编；中国电机工程学会组编 . —北京：中国电力出版社，2021.12

ISBN 978-7-5198-6144-5

Ⅰ . ①图…　Ⅱ . ①吴… ②中…　Ⅲ . ①电磁环境－普及读物　Ⅳ . ① X21-49

中国版本图书馆 CIP 数据核字（2021）第 227115 号

出版发行：中国电力出版社
地　　址：北京市东城区北京站西街 19 号
邮政编码：100005
网　　址：http://www.cepp.sgcc.com.cn
责任编辑：吴　冰（010-63412356）
责任校对：黄　蓓　李　楠
装帧设计：张俊霞
责任印制：石　雷

印　　刷：北京瑞禾彩色印刷有限公司
版　　次：2021 年 12 月第一版
印　　次：2021 年 12 月北京第一次印刷
开　　本：710 毫米 ×1000 毫米　16 开本
印　　张：4.25
字　　数：60 千字
印　　数：0001—1000 册
定　　价：29.00 元

本书编委会

主　　编　吴桂芳

编撰指导　肖　兰

编写人员　吴桂芳　林珊珊　谢　莉　崔　勇

　　　　　朱　斌　解鸿斌　伍晶晶

前言

FOREWORD

电磁现象是自然界的基本现象之一，利用电磁原理的科技创新在生活中的应用随处可见，它为我们的生活增添色彩。与此同时，对电磁环境的各种各样的认识也在不同程度上困扰着广大读者。为了正确地了解电磁环境、科学地预防和减小电磁辐射带来的影响，我们组织了经验丰富的电磁环境科研人员，经过两年多的时间，编写了《图说人居电磁环境》。本书带着答疑解惑的目的，按照从现象到本质的逻辑顺序，设置“发现宇宙中的电磁现象”“了解地球上的电磁科学”“认知人居电磁环境”三部分内容，从宇宙到地球、从古代到现代，全面地介绍了人们认识电磁现象，探索电磁感应的奥秘，发现电与磁的科学理论，并用大量精心构思的专业图片来解释抽象的电与磁的相关知识，同时通过日常生活中可见的电磁现象、电磁辐射等来阐述电与磁的机理，以期引发读者科学的思维和思考，引导读者对电磁科学的兴趣和认知，为更好地普及电磁科学知识开启一扇门！

本书编委会

2021.11

目录

CONTENTS

1　发现宇宙中的电磁现象

浩渺的宇宙，神奇的电磁，无形中蕴藏着力量。

图片来源：NSF/J.Yang

电与磁在宇宙创生之时就已存在。大约在 40 亿年前，当地球上还没有任何生物出现时，电闪雷鸣就已在宇宙中闪烁。人类觉察到电磁现象比人类有历史的记载还要久远！打雷放电成为大自然展现电与磁的神奇例子之一。

人们知道电与磁的存在大约已有 3000 多年。然而直到 19 世纪上半叶，科学家才惊讶地发现电能生磁、磁能生电。

在地球的自然环境中存在着很多电磁现象，主要有来自宇宙的太阳辐射、地球自身的磁场和大气层中的雷电。由于地磁的作用和大气的吸收，大大减轻了来自宇宙的、太阳的辐射，保护了地球上的生命。人类在漫长的演变和进化中，适应了地球的自然环境，并在地球的自然环境中生存繁衍。

从远古

走向现代

科学家发现宇宙线

宇宙线，是来自宇宙的一种具有相当大能量的带电粒子流。1912 年，奥地利裔美国物理学家维克托· 弗朗西斯· 赫斯（Victor Francis Hess，1883—1964）乘坐热气球带着静电计飞上了 5350 米的高空。在热气球不断上升的过程中，他发现随着高度的增加，静电计的读数也在不断上升，从而证实了高空的辐射远多于近地面。赫斯因此断定这种射线不是来源于太阳的照射，而是宇宙空间，人们将之取名为宇宙线。

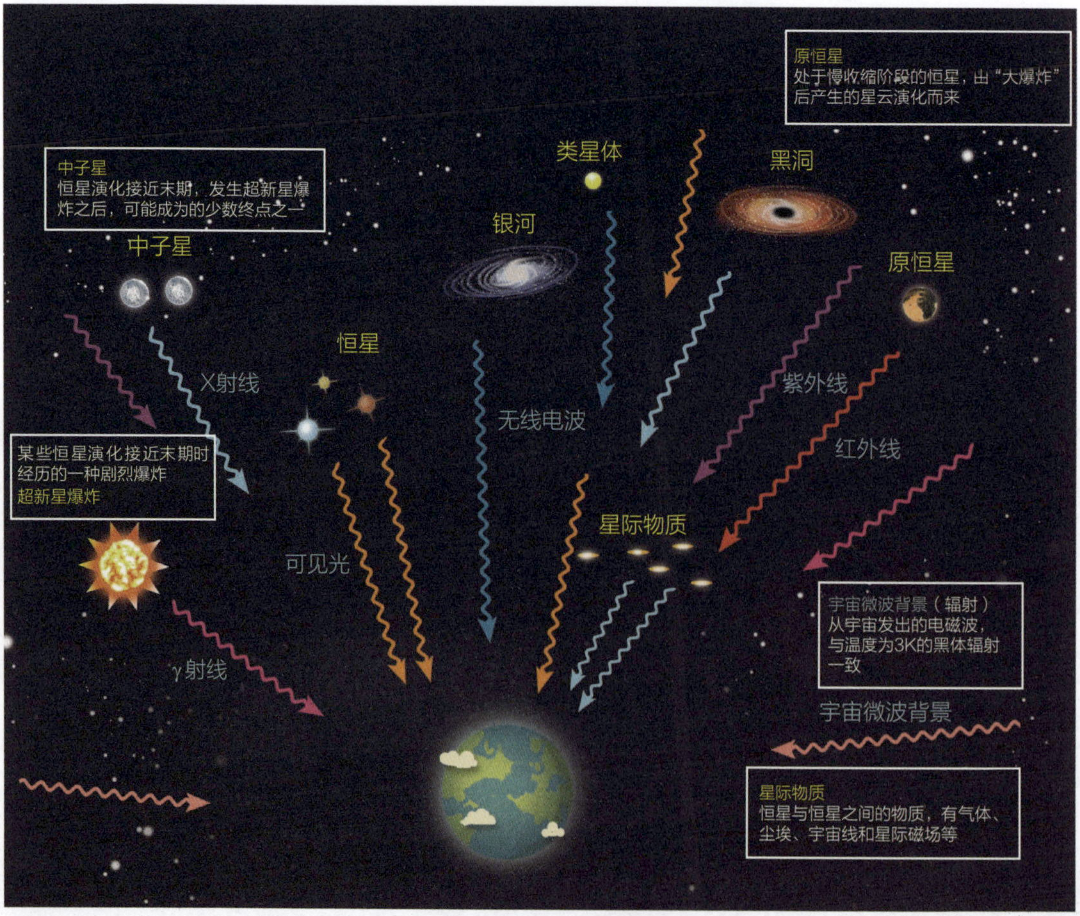

宇宙中的星际物质、恒星、超新星爆炸、中子星、银河系等发射出 γ 射线、X 射线、紫外线、红外线、无线电波（包括宇宙微波背景）和各种粒子射线，构成了宇宙辐射。

太阳辐射

太阳给地球带来光和热，使地球有了生命和四季，太阳是生命的源泉。太阳每时每刻发生着核聚变，并释放出巨大的能量。太阳从诞生至今，已经发光发热了 50 亿年，可以说步入中年阶段了。

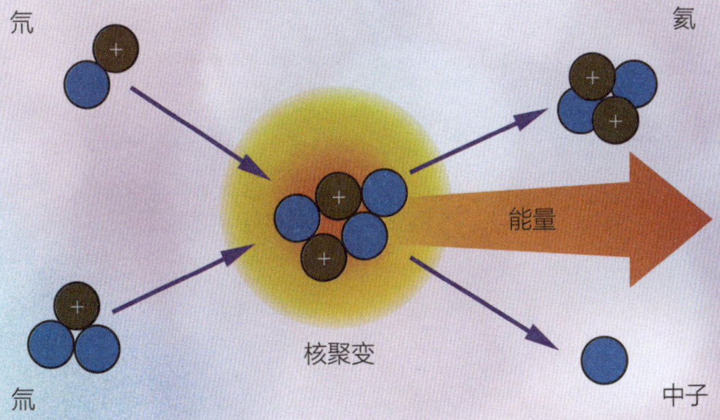

太阳辐射的电磁波

太阳是高温球，从中心向外可分为核反应区、辐射区、对流区和太阳大气。太阳大气分为光球层、色球层和日冕层，并且有黑子、耀斑和日珥等活动，发射出各种波长的电磁波：红外线、可见光、紫外线、X 射线和 γ 射线。

太阳表面会定期抛射出大量的带电粒子，形成一阵阵太阳风。太阳风以每秒几百千米的速度穿过太空，只需两三天就可以到达地球，影响地球磁场导致磁暴（地球磁场全球性的剧烈扰动现象）。

太阳磁暴会对地球轨道上的卫星造成干扰，严重情况下甚至会干扰地球上的电子设备和手机通信。

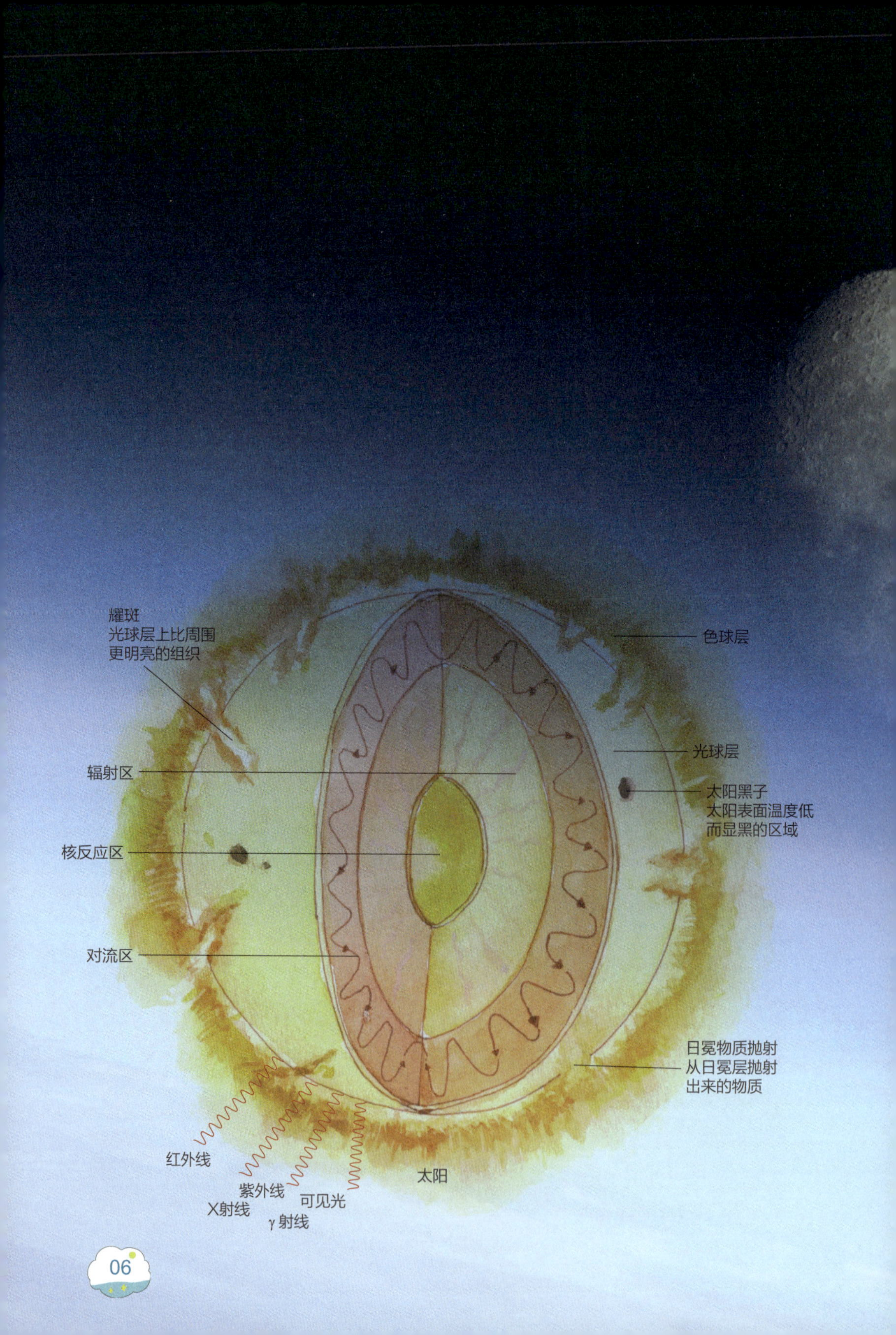
耀斑
光球层上比周围
更明亮的组织
色球层
光球层
辐射区
太阳黑子
太阳表面温度低
而显黑的区域
核反应区
对流区
日冕物质抛射
从日冕层抛射
出来的物质
红外线
紫外线
X射线
可见光
γ 射线
太阳

地球磁场

地球是一个大磁体

你知道吗，其实地球就是一个大磁体。磁体吸引能力最强的两个部位叫磁极，地球指南的那个磁极叫南极，指北的叫北极。但是地磁场两极与地理两极并不重合，存在一个磁偏角。地球磁场主要由地核物质运动产生的。

磁偏角：地球表面任一点的磁子午圈同地理子午圈的夹角。

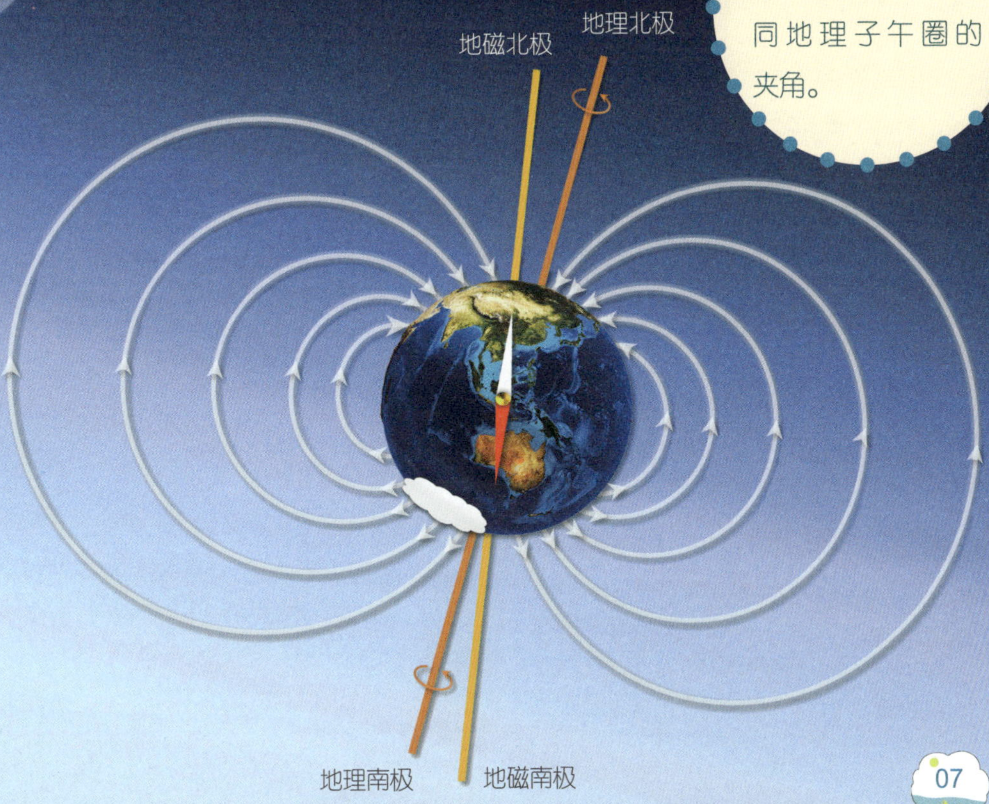

我国宋代学者沈括是世界上最早发现磁偏角的。他在《梦溪笔谈》记载了指南针“常微偏东，不全南也”的磁偏角现象。

沈括（1031—1095），北宋时卓越的科学家，代表作有《梦溪笔谈》等。沈括学识渊博，涉猎极广，在天文、数学、物理、医药、水利、军事、文学、音乐等方面都有研究和独到的见解。

地球磁场使太空入侵的宇宙线偏转方向，从而保护地球生物。当太阳表面活动剧烈时，太阳风高速接近地球，到达磁场的边缘时受到地球磁场影响便形成了一个无碰撞地球的弓形波阵面，这样就有效地阻止了太阳风袭击地表附近的各种生命体。

在地球磁场的保护下，太阳风会被地球两极所吸收，从而在极地地区出现千姿百态、绚丽多彩的极光现象。在地球磁场的作用下，太阳风绕过地球磁场继续向前运动，形成了一个被太阳风包围、彗星状的地球磁场区域，即磁层。地球磁力线会向背着太阳一面的空间延伸很远，形成一条长长的尾巴，即磁尾。磁层从地球表面向外延伸至数千千米的地方，有效阻挡有害宇宙线的侵袭。

除了地球磁场的作用，大气的吸收也大大减轻了宇宙线和太阳风的辐射，保护了地球上的生命。大气可分为对流层、平流层、中间层、电离层和外层。可以把磁层看作是电离层的一部分。

大气的分层

电离层

受太阳风以及宇宙线的激励，50 千米以上的整个地球大气层都处于部分电离或完全电离的状态。从离地面约 50 千米开始一直伸展到约 1000 千米高度的地球大气空域，其中存在相当多的自由电子和离子，能使无线电波改变传播方向，发生折射、反射和散射，因此对无线电通信有很大的作用。

臭氧层

臭氧层是大气平流层中臭氧浓度最大处，位于 20 ~ 25 千米高度处，是地球的一个保护层，太阳紫外线大部分被其吸收。

地磁场的主要利用

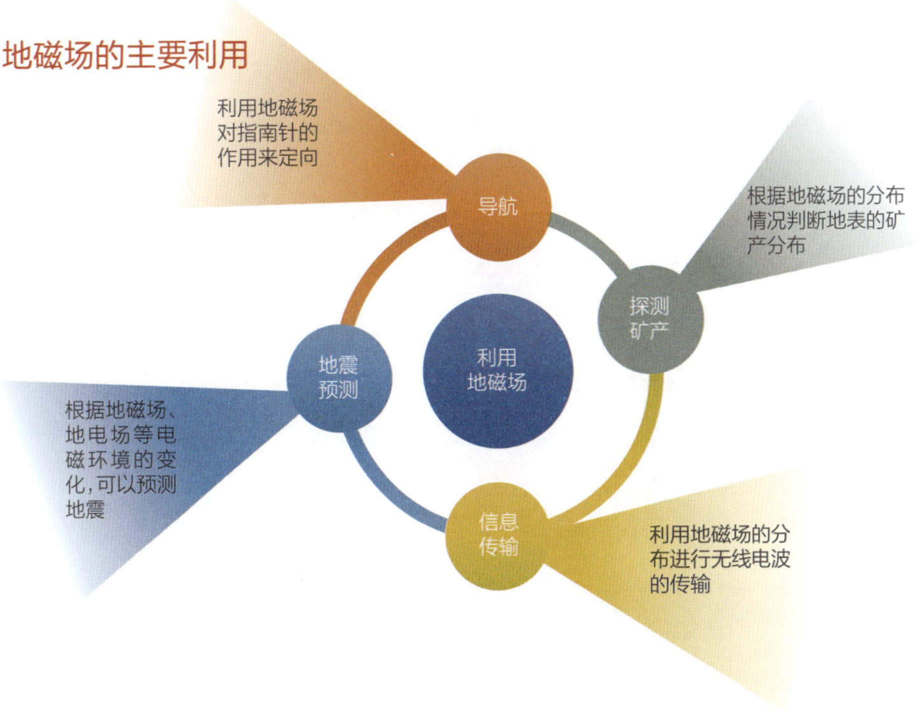

20 世纪 60 年代起，我国开始了地震预测的探索。在地震孕育过程中，震中附近地区岩石受力将会急剧增强，会引起此地区地磁场的异常变化，利用精密仪器进行测定就可以帮助预测地震。但是，导致地磁场变化的原因是多方面的，如太阳活动、电离层活动以及人类生产生活等。因此，当观测到地磁场异常时，需要排除各种干扰因素，才能把因地震孕育过程所引起的异常提取出来。

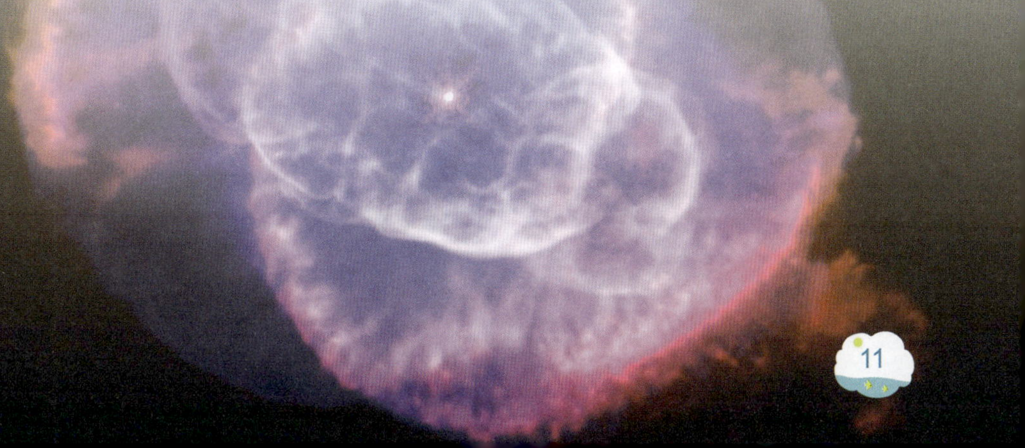

雷电

雷电是指带正、负相反电荷的云层之间或者带大量电荷的云层与大地之间迅猛的放电现象。雷电是地球上极其普遍而又蔚为壮观的声、光、电的自然现象。

在太阳光的照射下，水的蒸发和大气流动形成巨大的积雨云层（乌云），它们不断碰撞并产生正负电荷。云一地放电回路中，通常正电荷在云上端，负电荷在云的下端并在地面上感应正电荷，当正、负电荷不断积累，云一地间达到一定电位差时，就发生放电现象，即闪电。闪电的电压很高、电流很大，闪电放电通道内的空气因温度骤升而体积迅速膨胀，从而产生冲击波，发出巨大声音。

雷电引起的森林火灾启发了远古人类对火的发现和利用；雷电能制造氮肥（硝酸盐等），促进生物生长；雷电能制造少量的臭氧，可起到消毒杀菌、净化空气的作用。

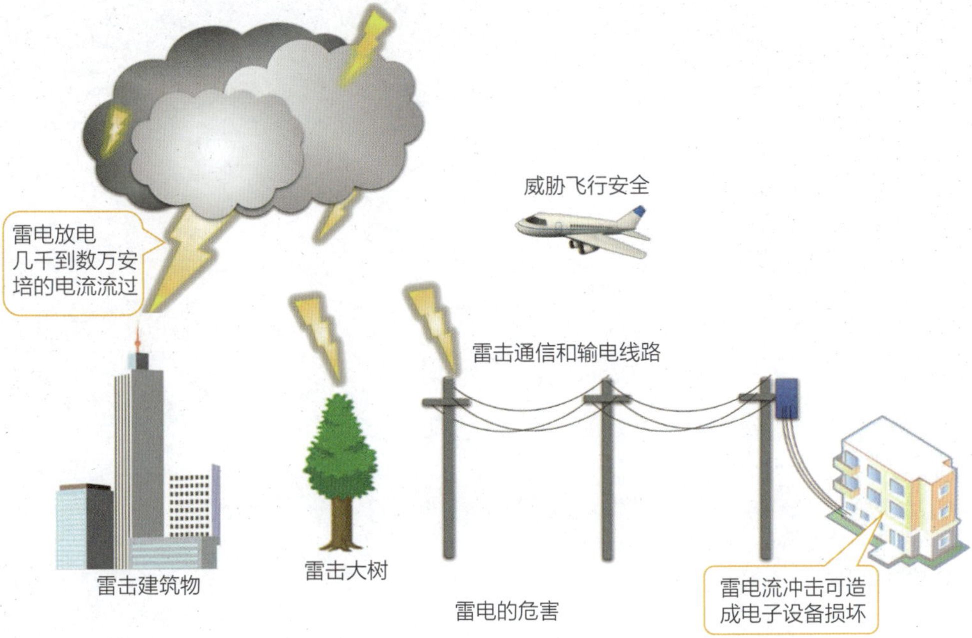

雷电的危害

在现代生活中，雷电仍然对人畜的生命安全有所威胁；雷电会对航空、通信、电力、建筑等造成威胁；必须采用防雷措施。

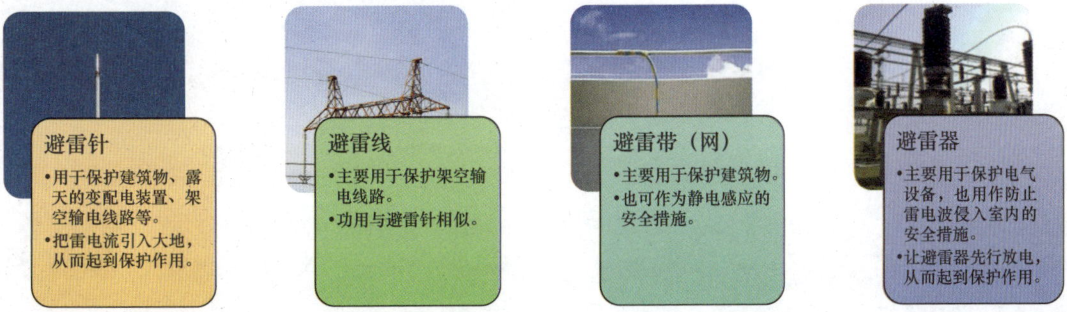

常用防雷措施

2 了解地球上的电磁科学

历史上，电与磁是分别被发现和研究的。随着电与磁之间的联系被发现，电磁学的研究由此展开。1831 年，法拉第发现了电磁感应定律，1865 年，麦克斯韦建立起电磁场方程组。电磁场理论诞生以后，人类对电磁现象的认识和利用达到了前所未有的高度：相继发明了发电机、电动机、电灯、电报、电话、无线电广播等人造电磁系统，迎来了人类历史上电气技术的大规模应用；20 世纪后期，基于大规模集成电路和微电子技术的进步，计算机技术、光纤通信技术和互联网技术取得了飞速发展，人类社会从电气时代跨入到信息时代。电磁学是现代化生活的理论基础。

电与磁

公元前 585 年，古希腊人泰勒斯记载了一种神秘的现象：用毛皮在琥珀上摩擦后，琥珀会产生一种力量，可吸起来一些绒毛、麦秆等轻小的东西。17 世纪，当科学家开始研究这种效应时，他们按照希腊语中的“electron”（琥珀）创造了“electricity”（电）这个词。

科学家发现，把带电的物体放在玻璃瓶子里，电就不会跑掉，这样就可把电储存起来。这种瓶子由荷兰科学家彼得·范·穆森布罗克（Pieter van Musschenbroek，1692—1761）在荷兰西部城市——莱顿发明，称为莱顿瓶。

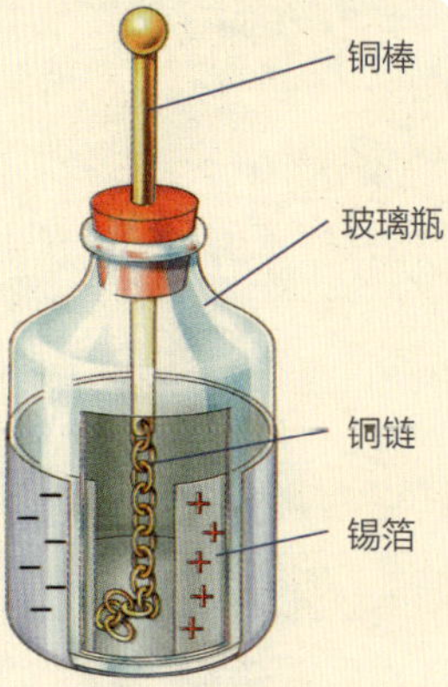

莱顿瓶

电荷有两种极性，为了区分它们，分别命名为正电荷和负电荷。而静电就是一种处于静止状态的电荷。

三种起电的方式

延伸阅读 电和磁的关系

电荷之间存在相互作用力。18 世纪末，法国物理学家查利·奥古斯丁·库仑（Charles-Augustin de Coulomb, 1736—1806）通过扭秤实验总结出点电荷间相互作用力的规律，称为库仑定律。为纪念他的贡献，电荷量的国际单位库仑（C）以其姓氏命名。

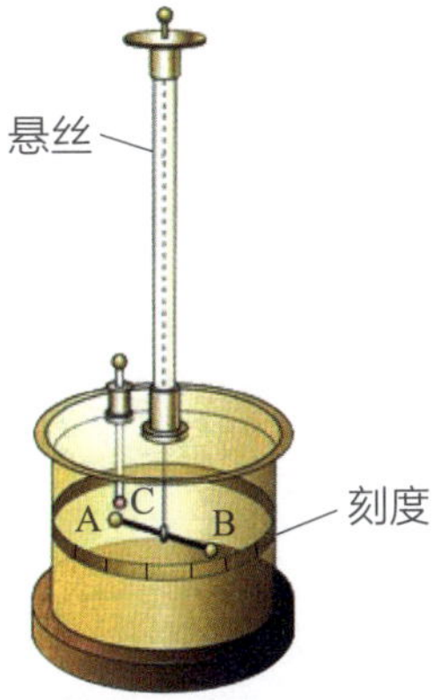

库仑和库仑扭秤

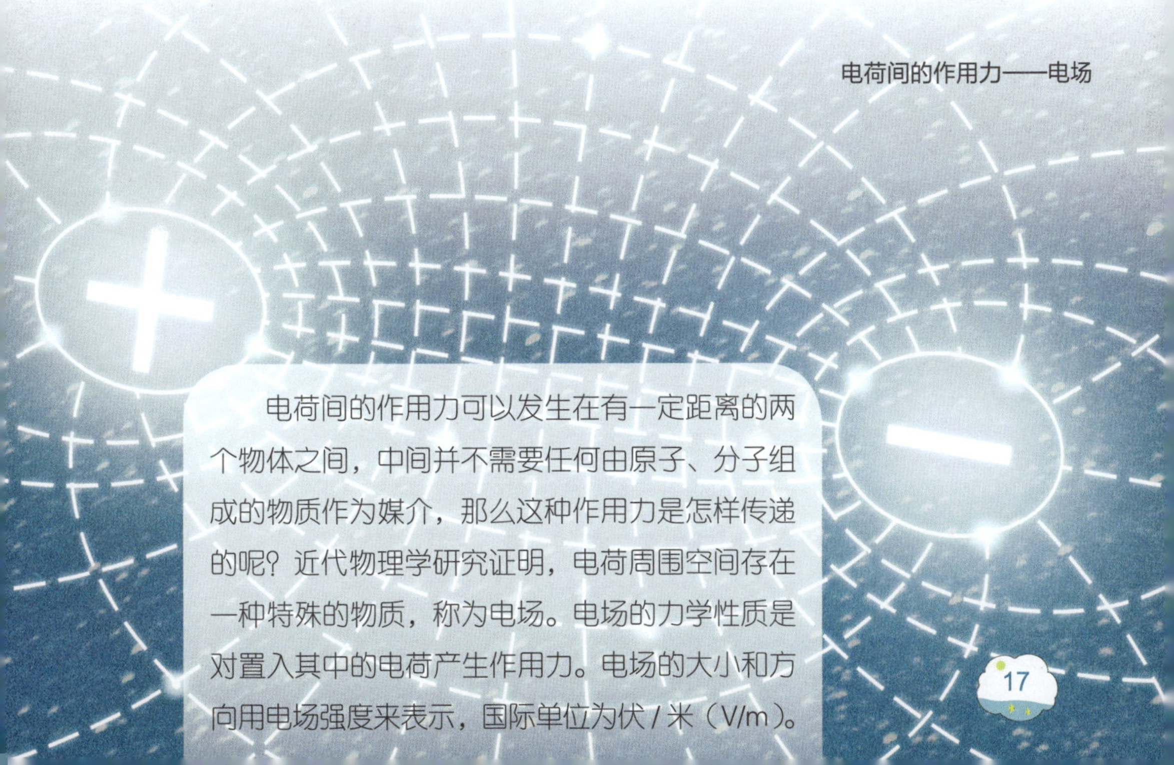

电荷间的作用力——电场

电荷间的作用力可以发生在有一定距离的两个物体之间，中间并不需要任何由原子、分子组成的物质作为媒介，那么这种作用力是怎样传递的呢？近代物理学研究证明，电荷周围空间存在一种特殊的物质，称为电场。电场的力学性质是对置入其中的电荷产生作用力。电场的大小和方向用电场强度来表示，国际单位为伏 / 米（V/m）。

公元前四百多年，古希腊人在马格尼西亚（Magnesia）的小岛上（现在的土耳其境内）发现了一块石头，这种石头能吸引含铁石屑

两千多年前的战国时代，中国人第一次发现磁石的方向性

发现磁石及其方向性（古希腊、中国）

发明指南针（中国，北宋时期创制出指南针）

中国发明的指南针（罗盘）传入欧洲，欧洲人用它征服海洋和新大陆

磁的发现及利用

罗盘

罗盘主要由位于盘中央的磁针和一系列同心圆圈组成。磁铁能响应地球磁场，因而具有指向的功能。右图是早期航海用的罗盘。

在很长一段历史时期内，电学和磁学是互相独立发展的。早期关于电和磁的关系有两种观点：一种认为电与磁没有联系。另一种认为电和磁不是偶然的相似，一定有内在联系。1820 年，丹麦物理学家汉斯·克海斯提安·奥斯特（Hans Christian Oersted，1777—1851）通过实验使人们认识到，电与磁之间有着不可分割的联系，电流会在导线周围产生磁场，改变指南针的方向，即电生磁。

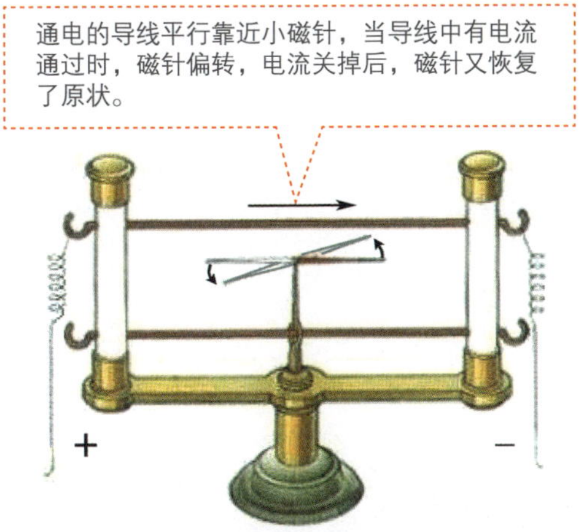

奥斯特及他的实验

1820 年 9 月，法国物理学家安德烈 · 玛丽 · 安培（André-Marie Ampère，1786—1853）依据实验结果提出了安培力定律，描述了两个电流回路间的作用力。电流的国际单位安培（A），就是以安培的姓氏命名的，以纪念他对电磁学的重要贡献。

安培

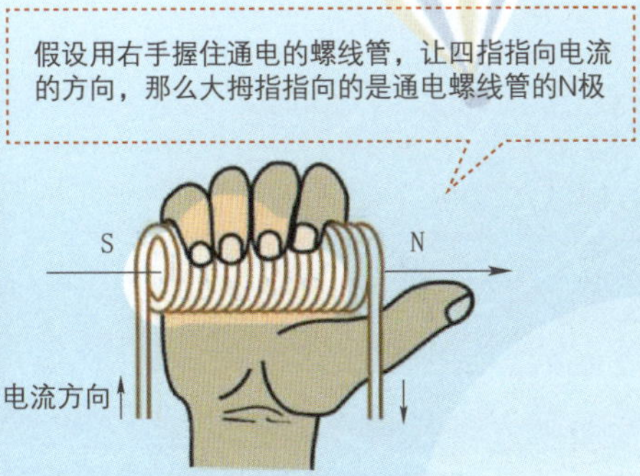

安培定则（右手螺旋定则）

与电荷间的作用力通过电场来传递类似，磁极或电流之间的作用力通过磁场来传递。磁场是由运动电荷或电场的变化而产生的。

磁场的大小和方向用磁感应强度来表示，国际单位为特斯拉（T）。

磁极间的作用力——磁场

重大的发现——电磁感应

奥斯特的实验证明了电流会产生磁场之后，很多物理学家开始研究是否存在相反的效应，即磁场能否产生电流。1831 年，英国物理学家迈克尔·法拉第（Michael Faraday，1791—1867）通过实验发现磁体的运动会使附近放置的导线中产生电流，从而证明了磁生电。

法拉第

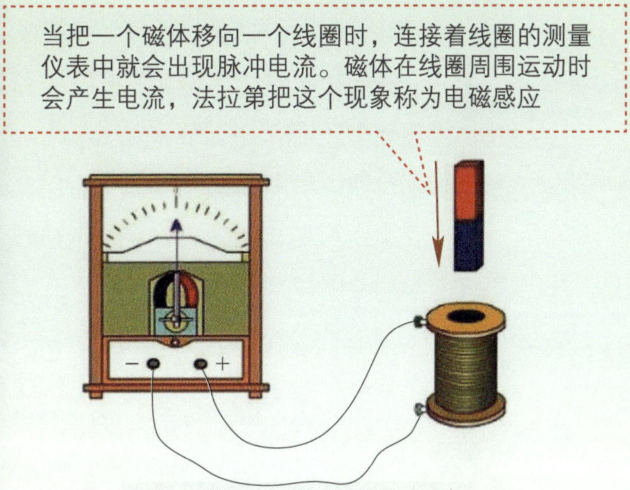

法拉第电磁感应定律揭示了电和磁之间的相互联系和转化关系。人们根据这一定律制造了发电机、电动机、变压器等电气设备，电力工业随之诞生，人类的生产和生活方式进入新篇章。

电磁场理论——麦克斯韦方程组

1873 年，英国物理学家詹姆斯· 克拉克· 麦克斯韦（James Clerk Maxwell，1831—1879）系统总结了库仑、安培、法拉第等人的电磁学成就，并在此基础上增加了“位移电流假说”，用四个数学方程式总结了所有的电磁现象。

这组方程式称为麦克斯韦方程组：变化着的电场能产生磁场；变化着的磁场也能产生电场。

麦克斯韦方程组揭示了变化着的电磁场以波的形式传播，即存在电磁波。

变化的电场和变化的磁场彼此不是孤立的，它们永远密切地联系在一起，相互激发，组成一个统一的电磁场的整体。

这就是麦克斯韦电磁场理论的基本内涵。

麦克斯韦根据电磁场理论和他人的试验结果进行推断和预言：电磁波在真空中的传播速度等于光速，光是一种电磁波。

麦克斯韦

电磁波的实验验证——赫兹的实验

麦克斯韦的方程组预言了电磁波的存在，其传播速度等于光速。那么如何证明呢？

1888 年，德国物理学家海因里希·鲁道夫·赫兹（Heinrich Rudolf Hertz，1857—1894）研制出了发射电磁波的振荡器和接收电磁波的谐振器，不仅证实了电磁波的存在，并且在实验中测出电磁波的速度与光速相同。为了纪念他的伟大成就，频率的单位命名为赫兹（Hz）。

电磁波不需要依靠介质传播，各种电磁波在真空中速率固定，均为光速，即 3×10^8 米 / 秒。

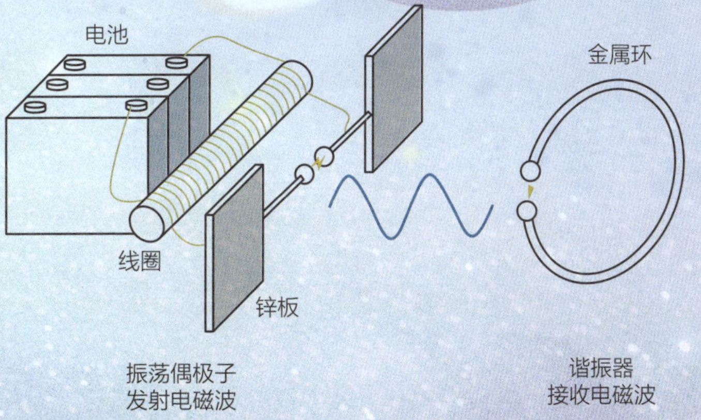

赫兹及其实验装置

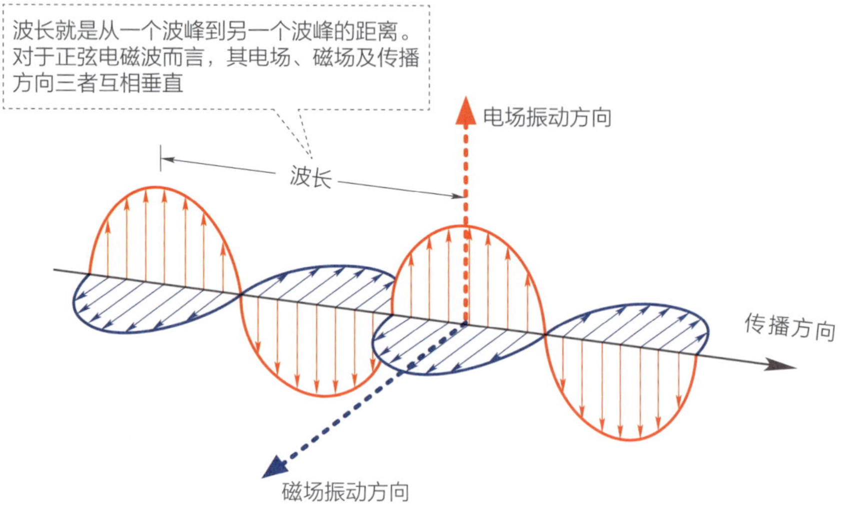

电磁波

波速、波长与频率的关系：

波速 = 波长 × 频率

波速：指单位时间内一定的振动状态所传播的距离，单位为米/秒。
波长：一个振动周期内波传播的距离，单位为米。
频率：1秒内完成的周期性变化的次数，单位为赫兹。

电磁波中电场和磁场是相互作用交替激发的，变化的电场在其周围激发磁场，而当所激发的磁场随时间变化时又会反过来激发变化的电场，同时达到最大，亦同时达到最小。

直流电与交流电

直流电（DC）的电流只向单一方向流动。

1882 年，美国电学家和发明家托马斯· 阿尔瓦· 爱迪生（Thomas Alva Edison，1847—1931）在纽约建立了世界上第一座发电厂，它利用蒸汽机驱动直流发电机，内装 6 台发动机。

1879 年，爱迪生发明的白炽灯开启了照明领域的又一次革命。电的大规模应用首先发生在照明领域。经过近 140 年的发展，白炽灯因能耗大、寿命短而退出照明舞台。2016 年开始，世界范围全面停止生产和销售白炽灯。取而代之的是各种各样的节能灯。

爱迪生和他发明的白炽灯

1882 年，爱迪生在美国纽约建立了世界上第一座发电厂（直流发电）

退出历史舞台的白炽灯泡

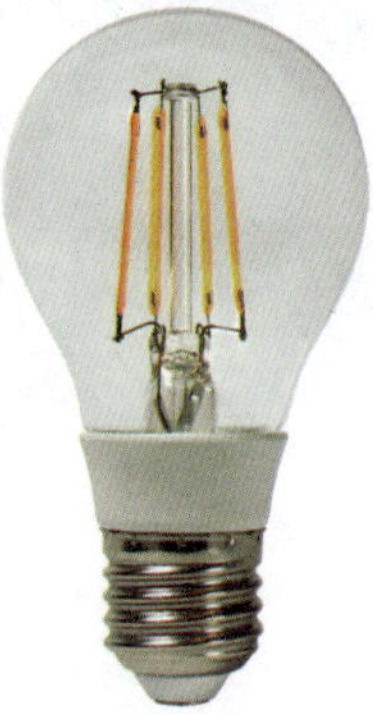

LED 节能灯泡

交流电即交变电流（AC），是大小和方向都随时间做周期性变化的电流。1888 年，塞尔维亚裔美籍发明家尼古拉·特斯拉（Nikola Tesla，1856—1943）成功地建成了一个交流电输送系统。这一技术可以使出厂电压升得很高，这就意味着电力可以通过输电线输送至较远距离，在用户端再将电压降下来。1893 年，特斯拉的交流输电系统点亮了芝加哥世界博览会的会场。

特斯拉和他发明的交流发电机

在芝加哥世界博览会上展示的多相交流 500 马力发电机

工业生产和居民所用的动力电和照明电，大多数是交流电。我国交流电供电为三相制，标准频率规定为 50 赫兹，巴西等国家为 60 赫兹。

电力系统由发电、输变电、配电、用电等环节组成，各个环节分别代表电能的生产、传输、分配和消费。

自电灯点亮以来，使用交流方式输电，电网规模从几千瓦已发展到几亿千瓦，电压等级从几十伏发展到百万伏（1000 千伏）。随着技术的发展，人们不断寻求更合理的输电方式，直流输电技术又焕发了新的活力。

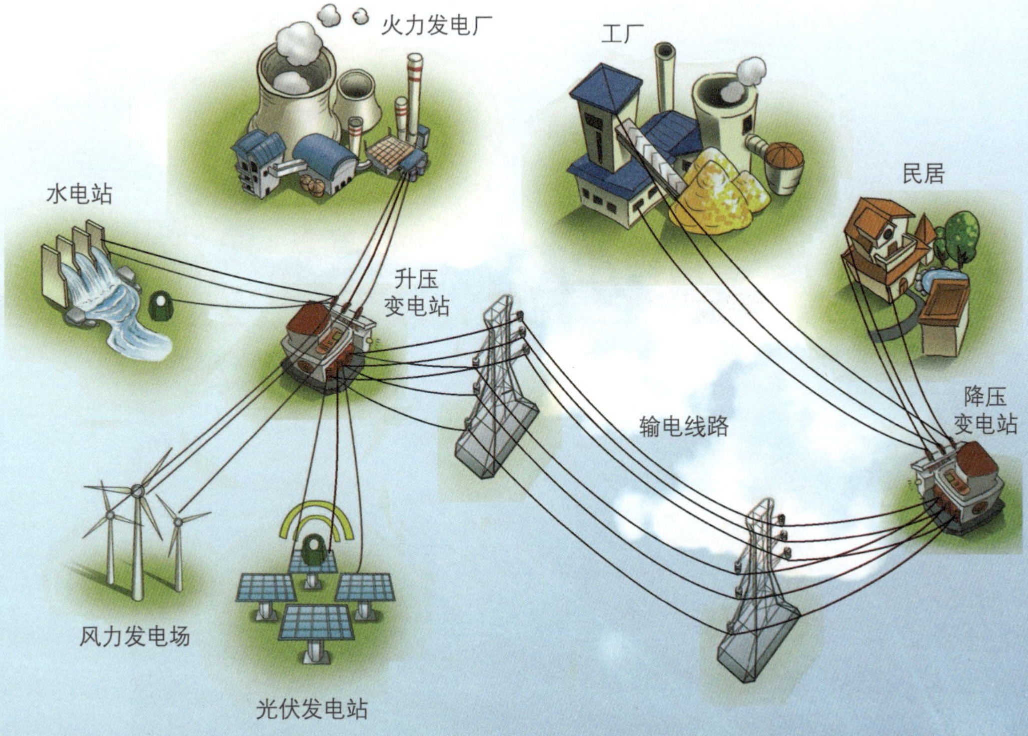

交流电的生产、传输、分配和消费

高压直流输电系统采用换流设备，将送端高压交流电变换为直流电，通过直流输电线路进行输送，在受端再将直流电变换为高压交流电。高压直流输电用于远距离大容量输电、同步交流系统之间的联络、海底电缆输电等。

直流输电

交流输电

为开展高海拔地区交流输电和直流输电的电磁环境研究，国家科技部在 2020 年批准了国内第一个高海拔电磁环境国家野外观测站——西藏羊八井高海拔电气安全与电磁环境国家野外科学观测研究站，坐落于海拔 4300 米的西藏拉萨市羊八井镇。

西藏羊八井高海拔电气安全与电磁环境国家野外科学观测研究站

信息的传播

把各波段电磁波按波长或频率排列起来就构成电磁波谱。按波长从长到短排序，电磁波（场）包括极低频场、无线电波、红外线、可见光、紫外线、X射线、γ射线等。

电磁频谱图中频率由低至高，频率最低的为零，如静电场、直流电场和恒定磁场。电力系统的交流电频率称为电力工业频率，简称工频，工频属于极低频（30 ~ 300 赫兹）。

无线电波是由振荡电路的交变电流而产生的，可以通过天线发射和接收。

频率比较高的是各种射线，频率大约为 3×10^{6} ~ 3×10^{21} 赫兹，波长 1×10^{-4} ~ 1×10^{-8} 米。

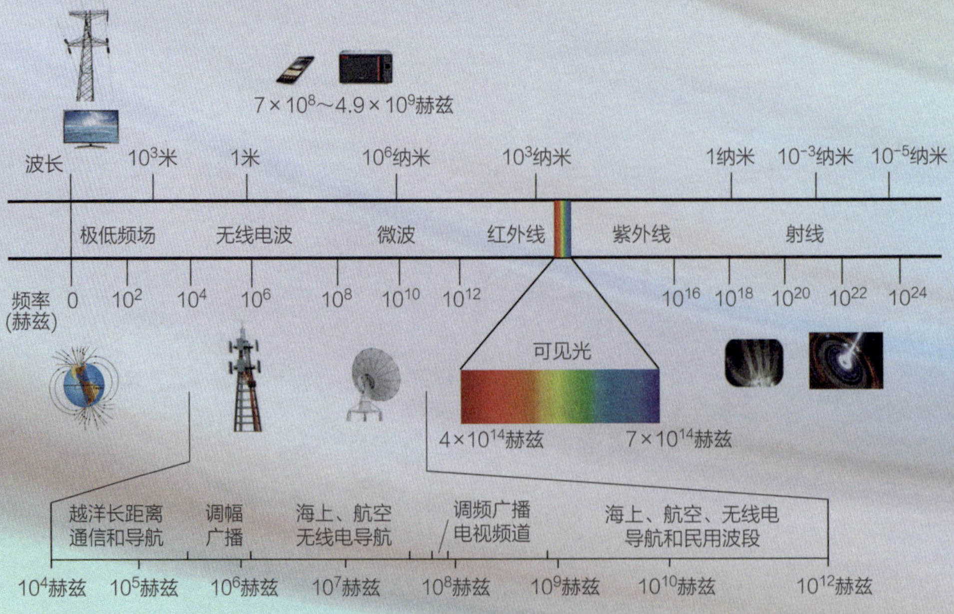

电磁波谱

赫兹虽然用实验证实了麦克斯韦预言的电磁波的存在，但他并没有进一步探索电磁波的应用。1889 年春，俄国物理学家和电气工程师亚历山大 · 斯塔帕诺维奇 · 波波夫（Александр Степанович Попов，1859—1906）从赫兹实验微弱的火花中看到其应用前景，并最终研制出无线电接收机。

1896 年，波波夫在 250 米的距离内发送了世界上第一份无线电报。

1896 年，意大利电气工程师、发明家伽利尔摩 · 马可尼（Guglielmo Marchese Marconi，1874—1937）取得了世界上第一个无线电报专利。1899 年，他在英国建立了一个无线电报站，随后实现了跨越英吉利海峡与法国之间的通信。

摩尔斯电码发报机

马可尼

从此，人类进入无线电通信时代。基于无线电传播理论，长波通信、中波通信、短波通信、广播电视、移动通信、无线局域网、卫星通信、雷达等现代信息技术不断发展,将声音、图像和其他信息迅速传播到世界各地。

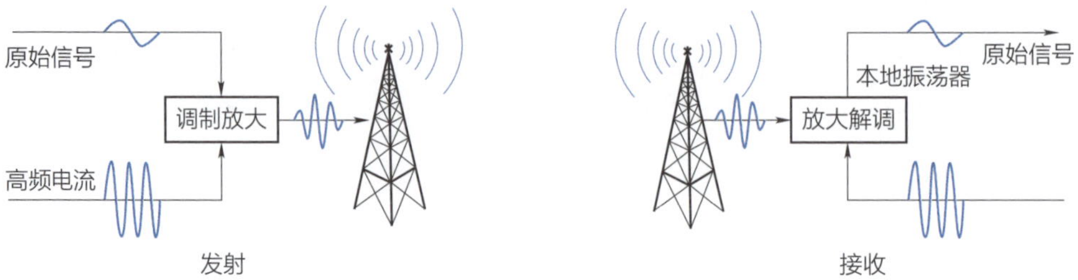

无线电信号的发射与接收

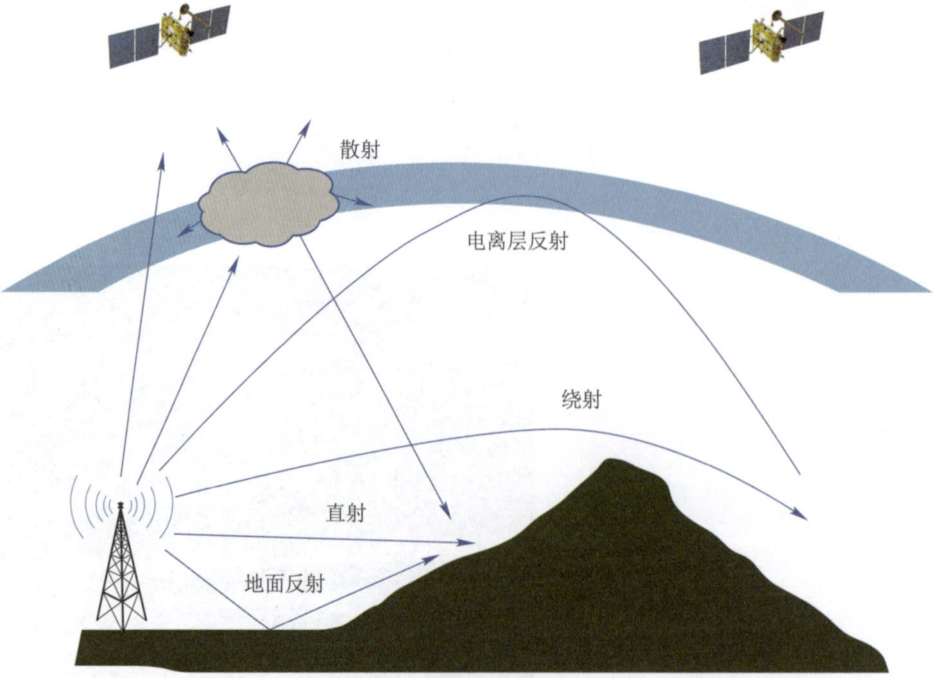

无线电波的传播方式

从1886年到20世纪30年代，由位移电流推导出电磁波理论，促进了电力、广播电视、无线通信、雷达微波等技术的发展，推动了微电子技术和电子计算机技术的进步。从2006年至今，位移电流基于电介质极化特性相关的特点促进了纳米发电机、驻极体材料等的兴起，将极大地推动新能源和传感器技术的发展。

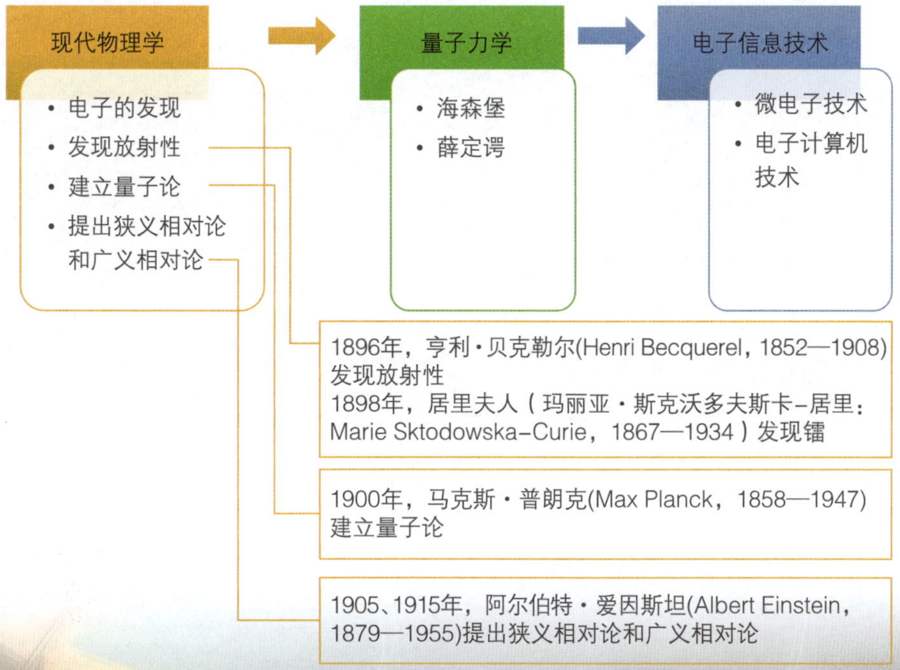

电子技术的发展

3 认知人居电磁环境

有电荷就有电场，有电流就有磁场。电磁科学和技术的进步和应用为人类社会创造了巨大的物质文明，在人类充分享受这些技术进步带来的高质量生活的同时，也把人类带进了一个充满人造电磁的环境之中。只要我们生活在现代社会，电磁场（波）就无处不在，我们也就不可能远离电磁场（波），远离了电磁场（波）也就意味着远离现代文明。

电气化使人类社会创造了巨大的物质文明，家用电器、城市交通、医疗卫生、广播电视、移动通信等现代工具制造了人居电磁环境。

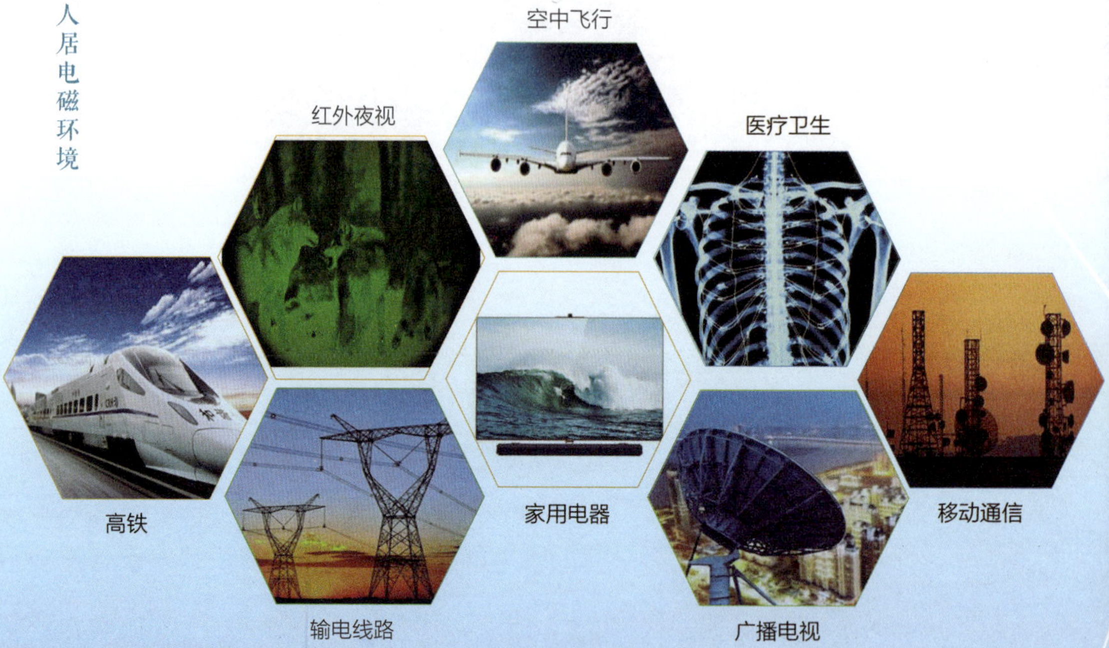

人居电磁环境

身边的电磁环境

电磁环境（Electromagnetic Environment）是指存在于给定场所的所有电磁现象的总和。

电磁环境超过一定的强度时，可能对人类的健康构成威胁，也可能干扰电子设备等的正常运行。但控制在安全范围内可以造福人类，广播、电视和通信等信号传输就利用了电磁波的传播特性。

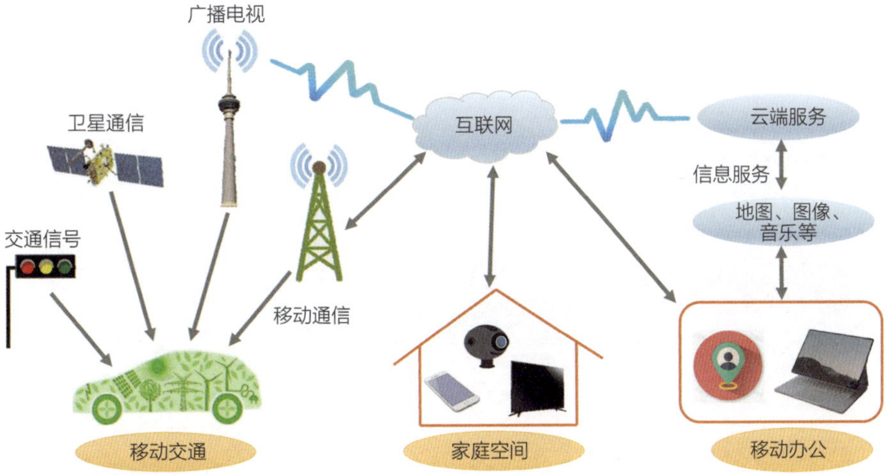

电磁场（波）对人的影响虽普遍存在，却并不可怕。当电磁场（波）的能力被控制在一定限度内时，它对人体及其他生物体健康的影响是可以忽略的。就像阳光一样，只有在无防护措施的情况下长时间暴晒，才会损害人体健康。

电磁环境的测量

10 万赫兹以下频率的电磁场（波），电场强度和磁感应强度无关联，需要分别进行测量，采用电场强度（伏 / 米）和磁场强度（安 / 米）作为计量单位，磁场也可以用磁感应强度：高斯或者特斯拉来表示，1 特斯拉 =10 000 高斯。

10 万赫兹以上频率的电磁场（波），在远场区可以只测量电场强度或磁场强度，或等效平面波功率密度（瓦 / 米 ^{2}），在近场区需同时测量电场强度和磁场强度。

电磁环境测量的参数

10万赫兹以下频率的电磁场（波）的测量：①和②，或①和③	10万赫兹以上频率的电磁场（波）远场区的测量：①或②或③或④	10万赫兹以上频率的电磁场（波）近场区的测量：①和②，或①和③
① 电场强度	① 电场强度	① 电场强度
② 磁场强度	② 磁场强度	② 磁场强度
③ 磁感应强度：高斯或特斯拉	③ 磁感应强度：高斯或特斯拉	③ 磁感应强度：高斯或特斯拉
	④ 等效平面波功率密度	

功率密度（Power Density）：为穿过与电磁波的能量传播方向垂直的面元的功率除以该面元的面积的值，单位为瓦特每平方米。

高频宽带场强测量仪

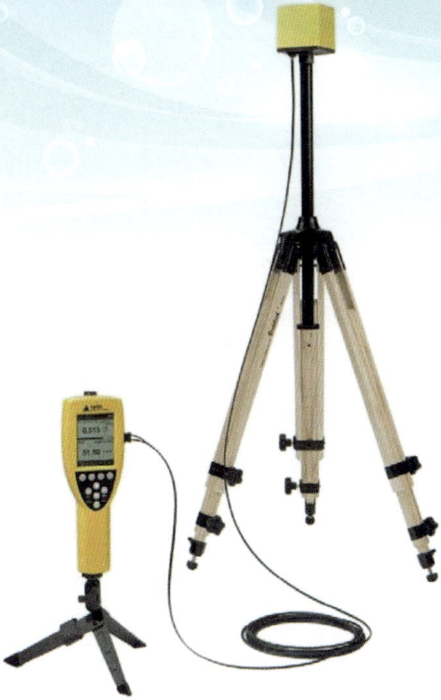

低频场强测量仪

电磁场选频测量仪

高斯简称高，非国际通用的磁感应强度的单位。为纪念德国著名数学家、物理学家、天文学家约翰 · 卡尔 · 弗里德里希 · 高斯（Johann Carl Friedrich Gauss，1777—1855）而命名。高斯是近代数学奠基者之一，一生成就极为丰硕，享有“数学王子”的美誉。

瓦特是功率的单位，为纪念英国发明家詹姆斯 · 瓦特（James Watt，1736—1819）制造出第一台有实用价值的蒸汽机而命名。

电磁环境的公众曝露控制限值

为加强电磁环境管理，保障公众健康，我国国家环境保护部制定了国家标准 GB 8702—2014《电磁环境控制限值》，规定了电磁环境中控制公众曝露的电场、磁场和电磁场（1 ~ 3×10^{11} 赫兹）的限值。

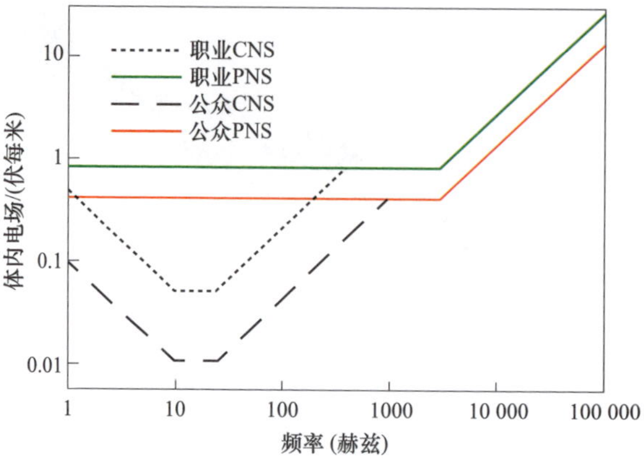

ICNIRP 导则（2010）基本限值（体内电场）随频率变化曲线图

ICNIRP 导则（2010）是国际非电离辐射防护委员会（ICNIRP）发布的《限制时变电场和磁场曝露的导则（1Hz ~ 100kHz）》。

CNS 为中枢神经系统，PNS 为周围神经系统。

公众生活、工作场所的工频（50 赫兹）电场强度限值为 4 千伏 / 米，工频磁场公众曝露限值为 100 微特斯拉；输电线路走廊内的农田和公众偶尔停留或活动的场所，其工频电场强度限值为 10 千伏 / 米，在此应给出警示和防护指示标志。

移动通信基站天线主瓣方向电磁辐射防护区外的电场强度公众曝露限值为 12 伏 / 米。

无线电的监测

无线电监测是指探测、搜索、截获无线电管理地域内的无线电信号，并对该无线电信号进行分析、识别、监视以及获取其技术参数、工作特征和辐射源位置等技术信息的活动。无线电监测按工作频段划分，有长波监测、中波监测、短波监测、超短波监测、微波监测等。

国家无线电监测中心（国家无线电频谱管理中心）是国家无线电管理技术机构，主要承担无线电监测和无线电频谱管理工作。

北京、乌鲁木齐、成都、哈尔滨、上海、深圳、西安、武夷山和昆明一共 9 个国家级监测站组成无线电短波 / 卫星监测网，监测短波 / 卫星通信业务、参与国际监测活动，查处国内外无线电干扰及非法电台，为频率规划和指配提供科学依据，维护我国使用卫星轨道和频率资源的合法权益。

国家无线电监测中心上海监测站

电磁波的用途

红外线是波长比可见光略长的光，任何大于绝对零度的物体都会辐射红外线。我们冬天可以使用红外线取暖器。红外热像仪是根据各个物体的红外辐射量大小来成像的。

红外夜视

可见光

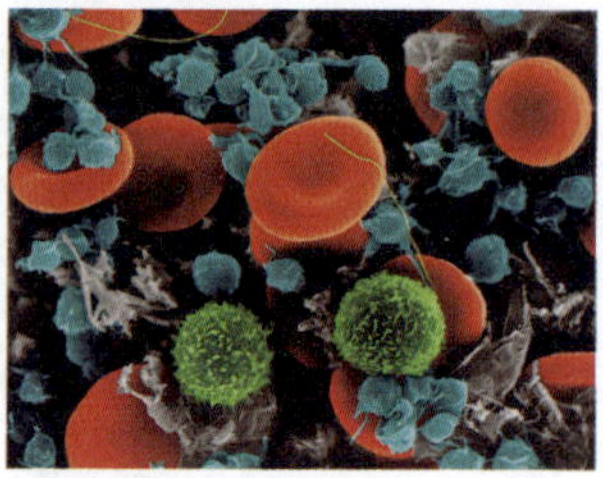

紫外杀菌

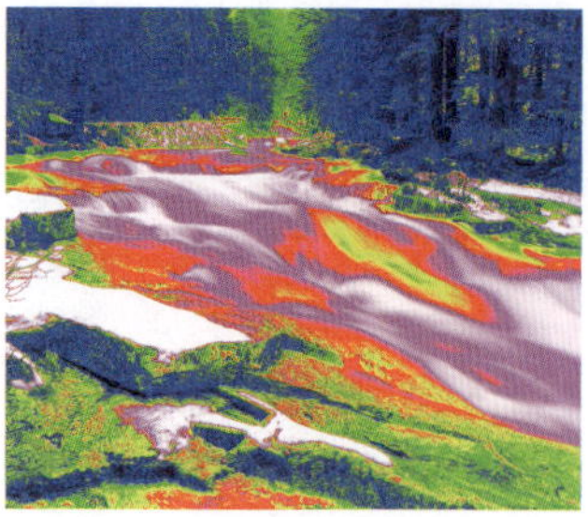

红外遥感

日光沐浴

紫外消毒

紫外线是波长比可见光略短的光，具有杀菌消毒作用，也是导致皮肤老化的原因。过量的紫外线对人皮肤有害，应避免高强度、长时间直接照射人体。

紫外线波长为 10 ~ 400 纳米，分为 A、B、C 三个波段。其中，波长为 240 ~ 280 纳米的紫外线能直接作用于生物细胞遗传物质即 DNA（脱氧核糖核酸）或 RNA（核糖核酸），使细胞核遭到破坏而导致细菌死亡，并具有分解臭氧功能。

紫外线杀菌过程

照射深紫外线，释放氯气、臭氧

↓

改变细胞核中DNA/RNA的结构或损伤细胞膜结构

↓

阻止细胞分裂并预防增殖，达到“灭活”目的

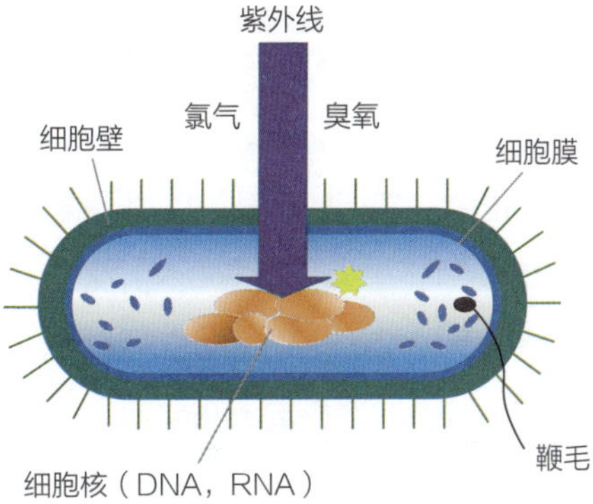

X 射线及 γ 射线具有强烈的穿透力，能够对细胞造成不良影响，对生物以及人体很危险。医学上常用 X 射线作透视检查，用 γ 刀来治疗肿瘤；工业中可用来检查、探伤或进行流水线的自动控制。

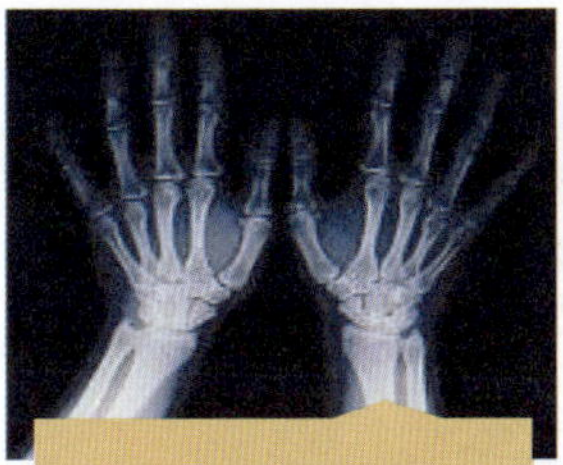

双手X射线透视

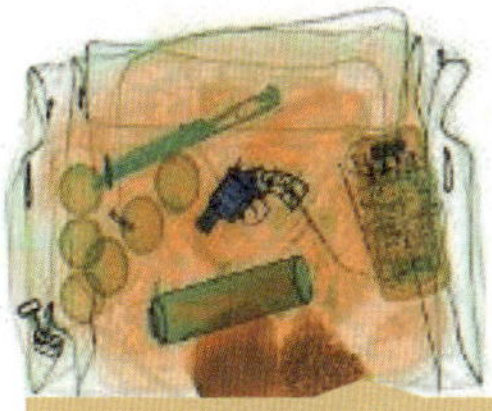

X射线行李安检

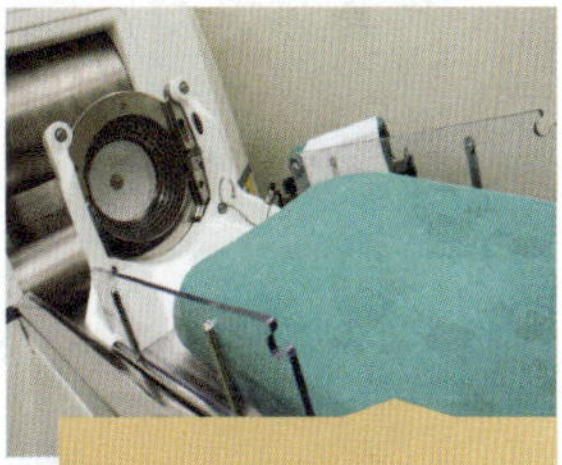

γ刀医学治疗

居家电磁环境

首先了解一下各种家用电器产生的电磁场（波）。冰箱、洗衣机、电视、空调等产生工频电场和磁场；电磁炉、微波炉、手机、无线网络传输（WiFi）设备等产生中频甚至高频电磁场。

工频及低频电器

工频电场和工频磁场主要来源于各种家用电器和电源线，通常电压为 220 伏、电流最大可达 20 安左右，在使用的周围空间中产生的工频电场强度一般在 120 伏 / 米以下，远低于国家标准中的公众曝露限值；例如距离 1 米远处，工频磁感应强度一般在 1 微特斯拉以下；一些近距离使用的家电，工频磁感应强度可达数十微特斯拉以上，但都低于国家标准中规定的公共曝露限值。

液晶显示屏（LCD）的背光系统需要高压电源来驱动，这是 LCD 中主要的电磁场来源。不过，LCD 中的高压电源在背光源点亮后会迅速将电压降到较低的水准，因此工作中的 LCD 的电磁场是微乎其微的。在正常使用的距离，例如距离屏幕 30 ~ 50 厘米处，工频磁场的磁感应强度通常小于 0.7 微特斯拉，工频电场强度范围从 1 伏 / 米以下到 10 伏 / 米不等。

吹风机靠电动机驱动转子带动风叶旋转。当风叶旋转时，空气从进风口吸入，经电热元件加热，构成热风后从出风口吹出。电吹风出风口的磁感应强度一般不超过 20 多微特斯拉。

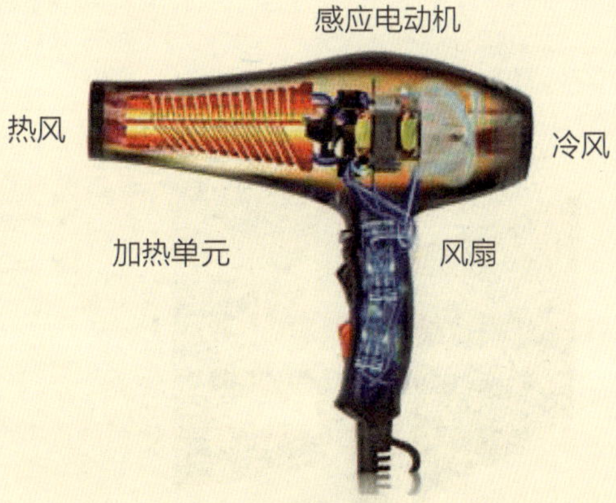

吹风机

电磁炉是一种利用电磁感应将电能转换为热能的家用电器，工作频率为 20 ~ 25 千赫兹。交变电流通过耐热炉面下方的线圈产生磁场，磁场内的磁力线穿过铁锅、不锈钢锅等底部时，产生涡流，令锅底迅速发热，达到加热食品的目的。电磁炉加热速度快，节能环保，安全性高。在使用中，应注意在其有效寿命中使用，炉面有损伤时应停用。

电磁炉

电磁炉产生的电磁波绝大部分分布在锅具底部，选用不锈钢的锅具可最大减少其电磁辐射量。

高频电器

微波炉是直接利用微波的能量（辐射）来工作的，工作频率 2.45×10^9 赫兹。在微波炉里，食物的极性分子在微波的电磁场带动下发生振动，这些分子的运动能量转变成热量，使食物温度升高。

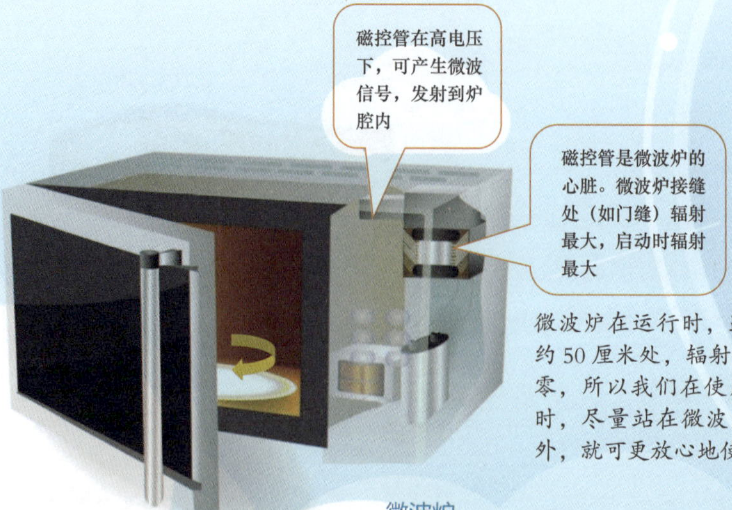

微波炉在运行时，距离正门约 50 厘米处，辐射值几乎为零，所以我们在使用微波炉时，尽量站在微波炉 1 米之外，就可更放心地使用了！

微波炉

手机从固定的低功率基站发送和接收信号，操作手机时非常接近头部，虽然使用者暴露于比在一般环境中高得多的射频场中，但射频暴露水平随着头部与手机的距离增加而快速下降，即一个头部离手机数十厘米的使用者所遭受的射频量远低于一个将手机紧贴头部的使用者所遭受的射频量。没有证据表明使用手机对人体健康有不利影响。

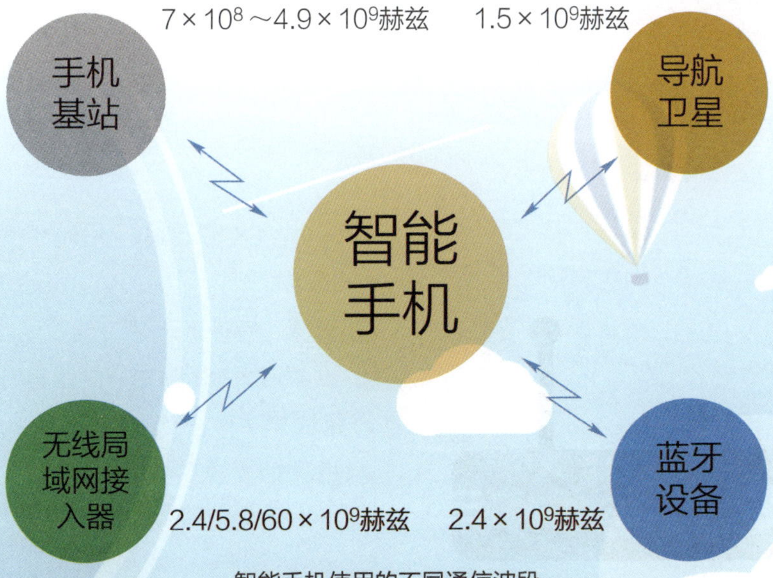

智能手机使用的不同通信波段

无线网络传输技术（WiFi）是一种允许电子设备连接到一个无线局域网（WLAN）的技术。常见的无线路由器等 WiFi 设备也是低功率射频电磁场发射器。在家中或办公室中使用的 WiFi 设备与人距离通常在 1 米以上，其产生的射频电磁场基本上可以忽略不计。

2.4×10^9 赫兹：最高传输速率 300 兆比特 / 秒，传输距离室内可达 70 米，室外可达 250 米。

5.8×10^9 赫兹：最高速率 867 兆比特 / 秒，传输距离室内可达 35 米。

60×10^9 赫兹：最高速率 6 吉比特 / 秒，传输距离室内估计为 15 米。

公共设施的电磁环境

交流输变电设施的电磁环境

交流架空输电线路，俗称高压线，由铁塔、导线和避雷线（铁塔最上面的两根金属线）等组成。

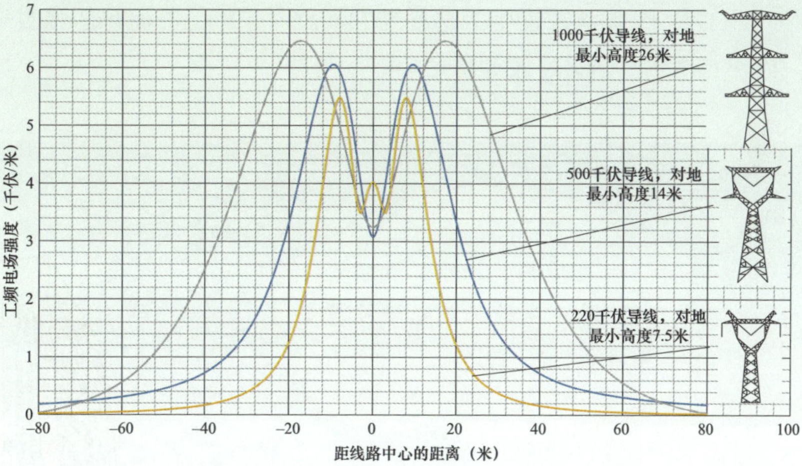

交流输电线路线下地面工频电场在垂直线路方向上（随距离衰减）的分布曲线

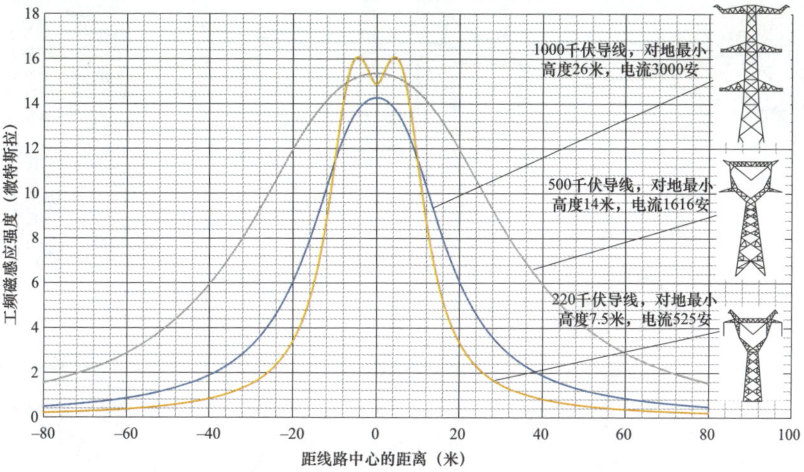

交流输电线路线下地面工频磁感应强度在垂直线路方向上（随距离衰减）的分布曲线

交流架空输电线路工频电场（工频磁场）的大小主要与输送电压（输送电流）、导线对地高度和离开线路的距离有关。其他条件一样的情况下：① 电压（电流）越高（大），地面附近的工频电场（工频磁场）越大；② 导线对地高度越小，地面附近的工频电场（工频磁场）越大；③ 随着离开线路距离的增加，工频电场（工频磁场）衰减很快。

工频电场很容易被房屋、树木等屏蔽，电场强度降低很多。所以在室内，由于临近的输电线路产生的电场被屏蔽，工频电场数值会非常小，远低于国家标准限值。交流架空输电线路在地面附近产生的工频磁感应强度一般小于 30 微特斯拉，远低于国家标准限值。

实测表明，变电站周围的工频电场和工频磁场均较小。户外式变电站围墙外（除进出线以外）的区域，工频电场强度一般在几伏特每米到几百伏每米，工频磁感应强度小于 10 微特斯拉，远低于相关国家标准限值。户内式变电站产生的工频电场和工频磁场较户外式变电站的数值更低。

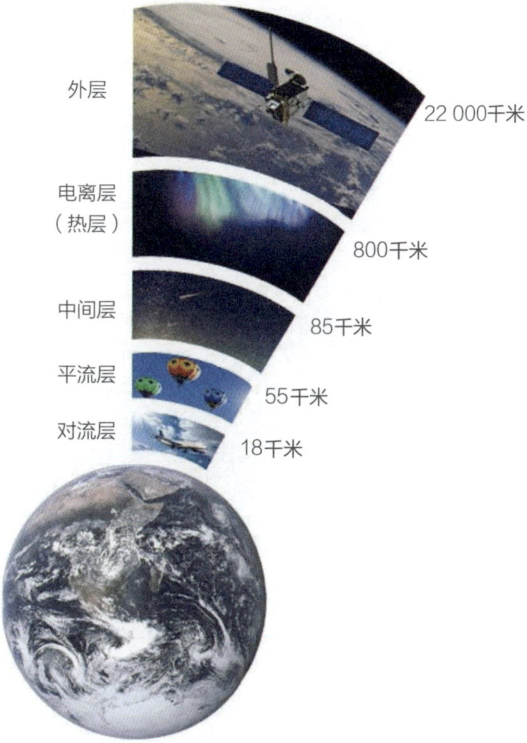

按电磁场理论分析，人处在距交流输电线路仅数十米的距离处，相对于长达 6000 千米的波长而言，是处于近场区。在该区域内，电场与磁场是分别存在、分别作用的，此时的场是一种似稳场或缓变场。空间各点的电场和磁场不表现为空间传播形式的电磁波。按照推算，工频场的远场区大致在地球的电离层以外。

交通系统的电磁环境

常见的利用电磁能的固定线路的交通工具有无轨电车、地铁、电气化铁路和磁悬浮列车等。这些交通工具都是利用电动机牵引列车行驶。对于磁悬浮列车，还要用直流线圈产生的磁力将列车悬浮起来。

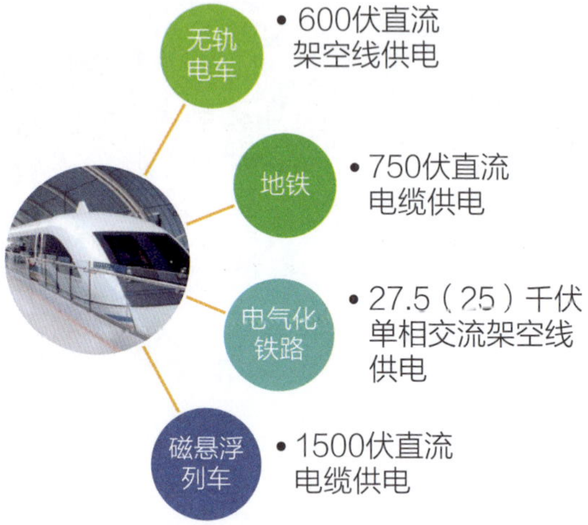

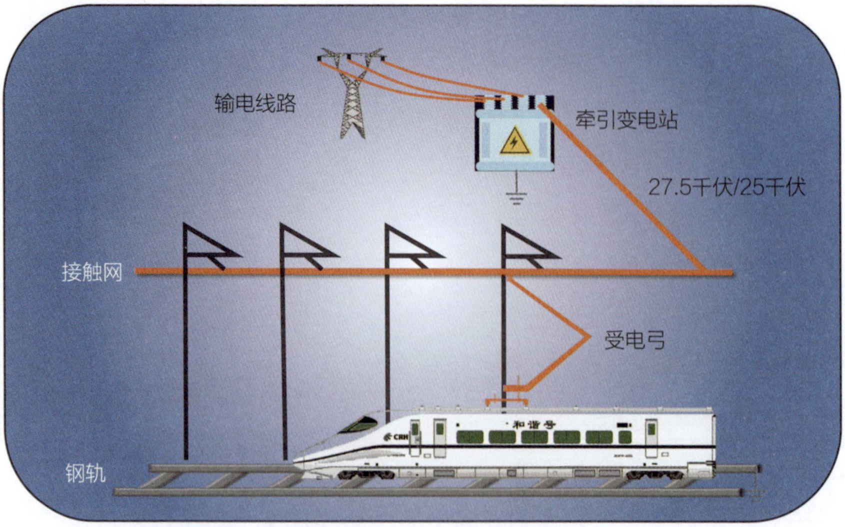

电气化铁路供电回路示意图

通常轨道交通列车的电动机位于车厢地板的下方，在电动机正上方最近的车厢地板区域，磁感应强度可以达到几十微特斯拉。磁场强度会随着与车厢地板的距离增大迅速减小，乘客身体上部曝露的磁场强度会大大降低。

安检系统的电磁环境

安检门和金属探测器使用甚低频（VLF）感应平衡技术。探测盘包含电子感应线圈，能覆盖探测盘周围的区域。利用电磁感应的原理，交流电通过电子感应线圈，产生变化的磁场。这个磁场在金属物体内部能感生涡电流，涡电流又会产生磁场，反过来影响原来的磁场，引发探测器发出鸣声。

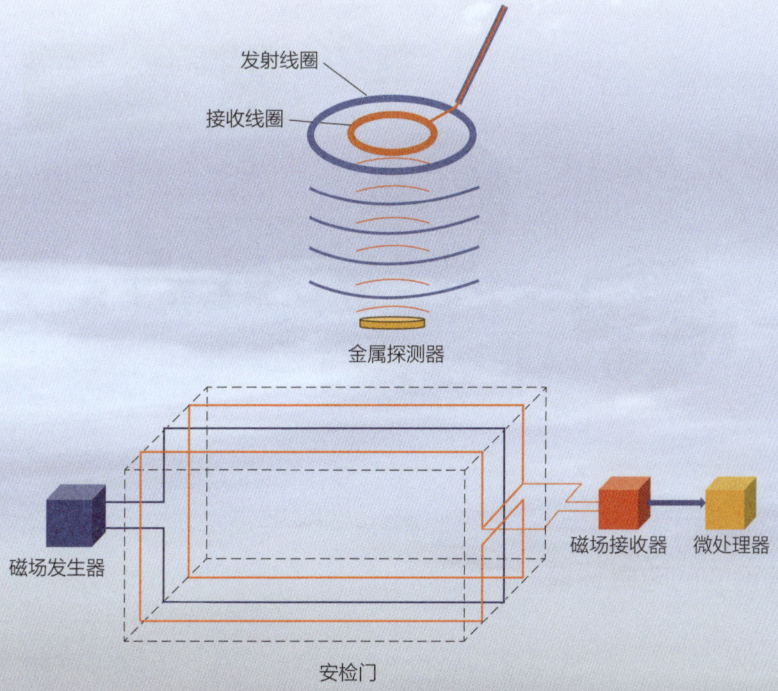

甚低频 VLF 感应平衡技术示意图

安检门和金属探测器的磁场微乎其微，因为安检门是弱磁场感应技术，功率非常小。需要注意的是，这些应用磁场感应技术的检查仪器对心脏起搏器等植入式医疗设备是有影响的。

石墨烯（Graphene）又叫单原子层石墨，具有优异的光学、电学、力学特性，被认为是未来革命性的材料。石墨烯是迄今为止所发现的最薄、强度最大、导电导热性能最强的一种新型纳米材料，石墨烯被称为“黑金”，是“新材料之王”。

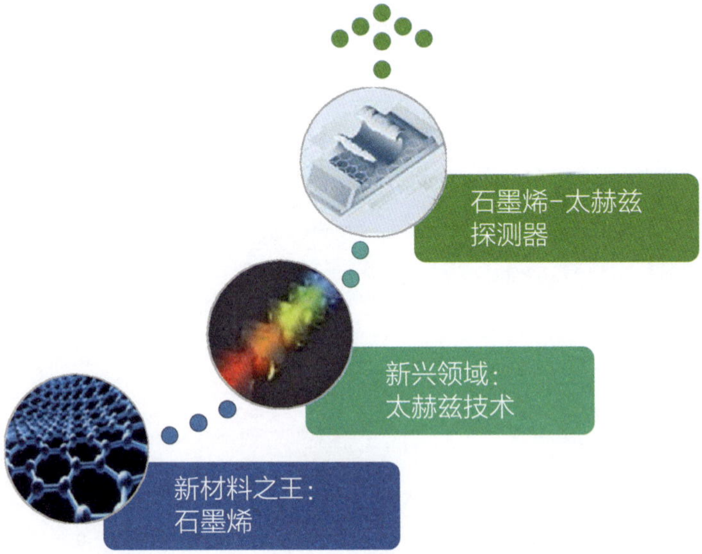

石墨烯结合太赫兹探测技术，是广泛受到关注的前沿科技之一。

通信设施的电磁环境

手机从固定的基站发送和接收电磁波信号，每个基站发出和接收的电磁波覆盖给定区域覆盖，基站相距几百米到几千米。移动通信基站天线通常安装在建筑物的顶部或在 15 ~ 50 米高度的塔上。只有当人在移动通信基站天线前面 1 米或 2 米内接近时，才会超出标准。

5G 移动通信频率：5G 频谱频率范围 FR（Frequency Range）分为两

个区域 FR1 和 FR2。FR1：450 兆赫兹 ~6 吉赫兹。FR2：24 吉赫兹 ~52 吉赫兹。

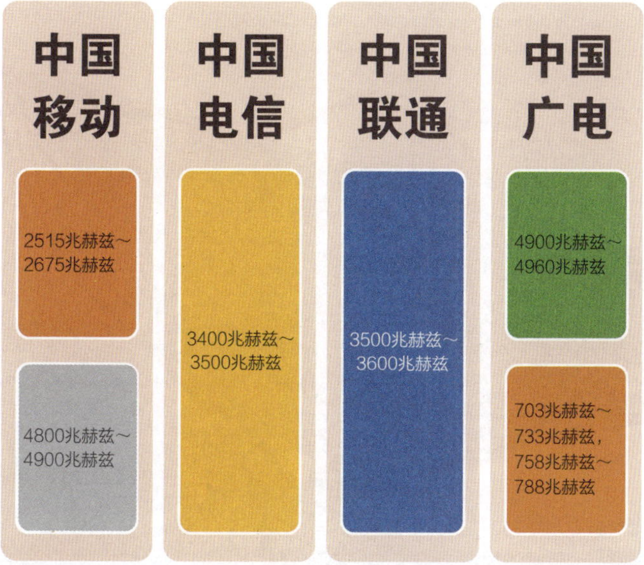

电力与通信共享杆塔：在电力杆塔上加装通信设备，将移动通信基站天线、光缆等通信设施附属在输电线路杆塔上，使电力杆塔资源获得综合利用。

5G 基站天线安装在输电线路杆塔上

雷达

雷达用于导航、天气预报、军事以及其他功能。它们发射脉冲微波信号。许多雷达旋转或俯仰移动，降低了公众在雷达附近暴露的平均功率密度。

医疗设备的电磁环境

电场和磁场可以为我们所用：通过磁场人们可以诊断和治疗多种疾病，利用射线和电磁场开发出 X 光片、电子计算机断层扫描仪（Computed Tomography，CT）、B 超和磁共振成像（MRI）等设备。

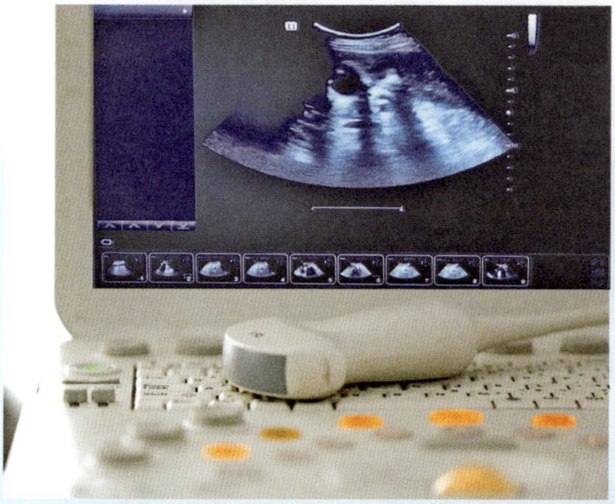

B 超检查原理示意图

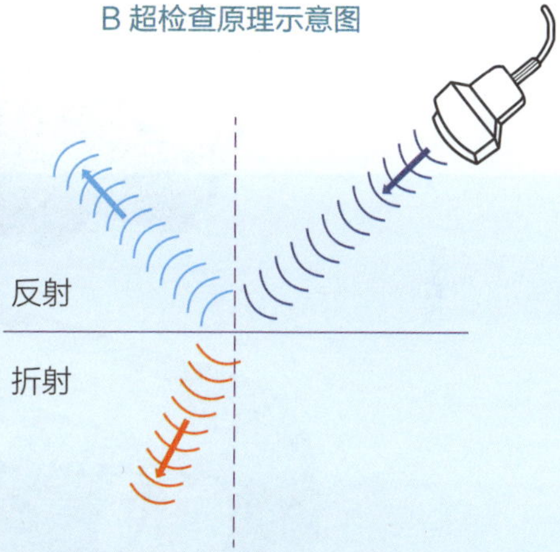

超声波遇到不同的介质交界面时，会产生反射波，根据监测其回声的延迟时间、强弱就可以判断脏器的距离及性质，经过技术处理形成 B 超图像（高于 20 千赫兹的声波为超声波，人耳是听不见的）。

磁共振成像（MRI）仪的主电磁铁线圈产生稳定的强磁场，它能引起人体内氢原子的磁场排列，磁性相对主磁场较弱一些的 X 线圈、Y 线圈和 Z 线圈从不同方向建立起磁场强度梯度，负责对人体指定部位进行三维成像。射频线圈产生短暂电磁波，使处于强磁场中的人体内含量最多的氢原子吸收电磁波的能量，去掉该电磁波后，吸收了能量的氢原子又把这部分能量以电磁波的形式释放出来，形成磁共振信号。

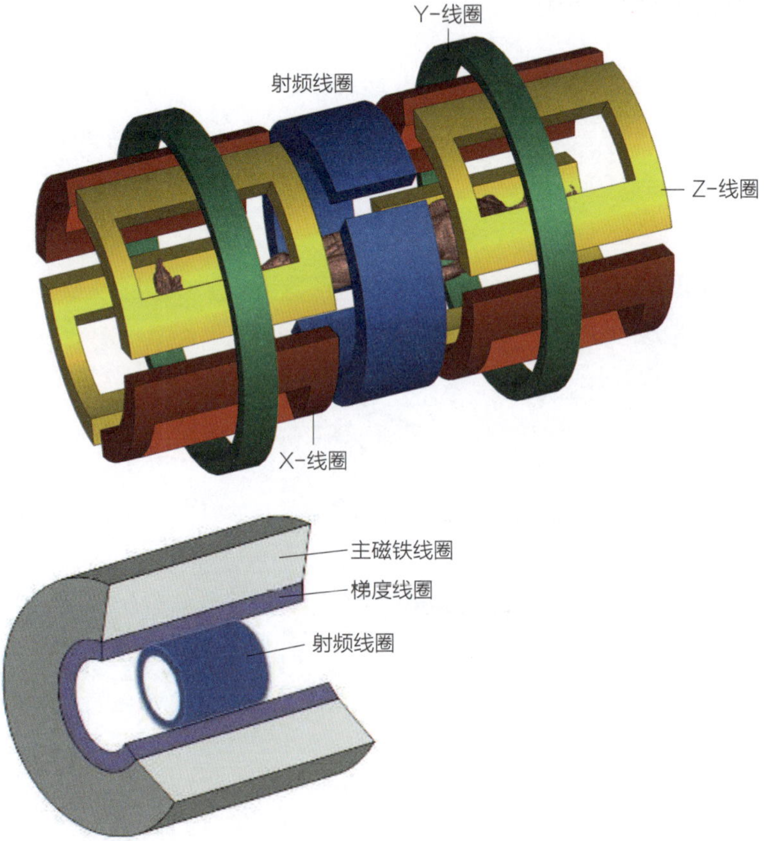

磁共振成像仪结构示意图

由于人体内各种组织所含氢原子数量不同，或同种组织正常与病变时所含氢原子数量不同，释放的能量亦不同，将这种能量信号通过计算机转换成图像，就可以用来诊断疾病。

世间万物皆有两面性，电磁科学的应用也是如此。电磁场（波）对人的影响普遍存在，却并不可怕。经过多年反复的人群实验和健康评估，世界各国相关科研组织都制定了严格的电磁环境限值标准，当电磁场（波）的强度被控制在一定限度内时，它对人体及其他生物体健康的影响是可以忽略的。科学地利用电磁科学技术可以为人们的美好生活增光添彩。

索　引